中学生趣味数学史

[韩] 金利娜（김리나）著

徐丽虹 译

从负数到坐标系

北京时代华文书局

图书在版编目（CIP）数据

中学生趣味数学史．从负数到坐标系 /（韩）金利娜著；徐丽虹译．— 北京：北京时代华文书局，2023.7（2024.4 重印）

ISBN 978-7-5699-4996-4

Ⅰ．① 中⋯　Ⅱ．① 金⋯ ② 徐⋯　Ⅲ．① 数学史－世界－青少年读物　Ⅳ．① O11-49

中国国家版本馆 CIP 数据核字（2023）第 134529 号

北京市版权局著作权合同登记号　　图字：01-2021-7598 号

수학이 풀리는 수학사 : 3 근대
（An Easy History of Math: 3 modern）
Copyright © 2021 by 김리나
All rights reserved.
Simplified Chinese Copyright © 2023 by BEIJING TIME-CHINESE Publishing House，Co.，LTD
Simplified Chinese language is arranged with Humanist Publishing Group Inc.
through Eric Yang Agency and CA-LINK International LLC.

拼音书名 | ZHONGXUESHENG QUWEI SHUXUE SHI CONG FUSHU DAO ZUOBIAOXI

出 版 人 | 陈　涛
选题策划 | 余荣才
责任编辑 | 余荣才
责任校对 | 李一之
装帧设计 | 孙丽莉　赵芝英
责任印制 | 訾　敬

出版发行 | 北京时代华文书局 http://www.bjsdsj.com.cn
　　　　　北京市东城区安定门外大街 138 号皇城国际大厦 A 座 8 层
　　　　　邮编：100011　电话：010-64263661　64261528
印　　刷 | 北京毅峰迅捷印刷有限公司　010-89581657
　　　　　（如发现印装质量问题，请与印刷厂联系调换）

开　　本 | 880 mm×1230 mm　1/32　印　张 | 4.75　字　　数 | 97 千字
版　　次 | 2023 年 9 月第 1 版　　印　　次 | 2024 年 4 月第 2 次印刷
成品尺寸 | 145 mm×210 mm
定　　价 | 38.00 元

寄　语

让学习数学变得有趣

同学们在学习数学时，经常会问以下两个问题：

"为什么要学数学？"

"学好数学有什么意义？"

本书将带领同学们从历史中寻找这两个问题的答案。

为什么要学数学？

如果你问那些觉得"数学很难学"的学生，学数学辛苦的原因，他们中的大部分人都会回答"真的不明白，为什么要学数学"。这大概是因为他们认为方程式、函数、曲线等数学概念，不仅理解起来很难，而且辛辛苦苦地学完之后，在日常生活中也派不上用场。

实际上，数学的概念、原理、法则等，都跟我们生活的这个世界密切相关，而且所有的数学概念的形成、数学原理和法则等在被发现时，都有它的历史性、数学性、科学性的背景。我们之所以不知道为什么要学数学，是因为我们不理解数学概念的形成，以及数学原理和法则被发现的背景，而只是学习前人已取得的数学成果。数学可以被用来解决生活中遇到的各种问题，例如如何预防传染病、如何取得战争的胜利、如何理解宇宙万物等各式各样的问题。

数学概念的形成，以及数学原理和法则被发现的历史，从古代到中世纪再到近代，一直延续到我们当今社会。在历史的长河中，数学是怎么发展的？它又给社会带来了何种变化？本书将一一说明。在这个过程中形成的数学概念，后来是如何扩充并发展到现在的？本书也会进行补充说明。通过本书，我们能知道数学概念是如何形成的，数学原理和法则是如何被发现的，以及数学给我们的生活带来的各种变化，进而就能理解学习数学的必要性。

学好数学有什么意义？

为了学好数学，我们必须理解数学的概念、原理、法则，等等。但是，在数学考试中取得满分的人，我们能说他数学学得好吗？世界上数学学得最好的人，就能解开最难的问题吗？

数学家们会灵活运用已有的数学概念、原理、法则来得到新的解题方法，或者提出新的概念、推出新发现的原理和法则。创造新的数学方法和提出新的数学概念的能力并不是通过背诵数学的定义和认真解答数学题就能培养出来的。我们的身边乃至我们的社会存在着哪些问题？如何从数学的角度来解决这些问题？这就需要我们拥有更为宽广的胸襟和视野了。因此，为了学好数学，不仅要理解数学的概念、原理、法则，还要了解我们生活中出现的社会现象和存在的问题。本书同时向大家介绍数学家们利用数学改变世界的过程。大家可以通过有趣的数学故事，理解学好数学的意义。

数学并不只有教科书上的符号和公式，还有历史和社会以及现实生活中我们赖以生存的重要原理。期待大家通过本书，能够对数学有新的认识，在探索和发现中体验到乐趣。

前　言

　　欧洲近代史始于东罗马帝国统治结束、民主社会成立时期。关于世界近代史到底始于何时，虽然存在多种观点，但是一般都认为始于第一次工业革命之后。第一次工业革命指的是 1760 年至 1840 年间在英国发起的技术革命，其带来了社会、经济等方面的巨大变革。

　　第一次工业革命发生的背景是科学技术飞速发展。在 14—16 世纪，发生在欧洲的文艺复兴，不仅使文化得到了复兴，也使针对古希腊科学技术的全新研究成为可能。文艺复兴的一个结果，就是在 16—17 世纪时，全新的科学研究已经超越了古希腊时期，由此形成了近代科学体系。这一时期同样成为数学发展，尤其是数学分析和预测的黄金时期。

　　在工业革命的同时，欧洲社会产生了民主主义和资本主义，也形成了尊重个人的文化。其中，法国大革命是一个重要转折点，自此，以国王和贵族为中心的统治全面崩溃，平民社会得以逐渐形成。在削弱王权、建立平等社会的法国大革命进程中，数学也发挥着重要作用。

　　本书讲述数学在近代社会发展过程中扮演的角色。那么，在近代社会，数学是如何发挥作用，其自身又是如何发展的呢？我们还是一起出发，走进动荡的近代欧洲吧。

目　录

第2章 天文学和对数

对数的发明对天文学研究有怎样的帮助？

第3章 抛物线和平面坐标系

怎样才能计算出炮弹飞行的轨迹呢？

第4章 微分和积分

微分和积分是怎样的关系呢?

第5章 计量单位的发展

计量单位是如何固定下来的呢？

第6章 三角函数和数论

需要三角函数的理由是什么?

第 1 章

负数和虚数

是什么时候开始使用
负数和虚数的呢?

　　中世纪后期，文艺复兴最先在意大利各城邦兴起，逐渐扩散到法国、英国等西欧地区。西欧发生了多起宣扬人权的革命，随着一系列机械发明带来经济的高速发展，数学发展也就具备了必要的社会条件。此外，取暖工具的发明给漫长而寒冷的冬季送来了温暖，照明器具的改进为暗夜送来了长久的光明，学者们终于拥有了能全身心投入研究工作的舒适环境。

　　在这样的研究环境中，这一时期的数学家们取得了惊人的成就。在数学历史上，阿拉伯数字的发明是第一次计算革命，而作为第二次计算革命的小数的发明，就是在这个时期实现的。另外，除了自然数和分数，这一时期不但出现了像 0.12 这样的小数，还出现了仅存在于想象中的、不存在的数——虚数。出现于计算和数字体系中的惊人变化，宣告了近代数学的开端。

　　我们还是一起来看看在近代这个数学史上最辉煌的时期，数学到底有着怎样的发展吧。

1. 计算的革命——小数

随着中世纪的结束和近代的到来，欧洲工商业快速发展带来了计算方法的变化。在 17 世纪初，西蒙·斯蒂文（Simon Stevin，1548—1620）发明了被称为"第二次计算革命"的小数。小数就是把分数以十进制的形式表示出来。所谓的十进制，指的是满十进一，数字的数位决定数的大小。例如，把 9 这个数字写在百位上就表示 900，写在十位上就表示 90。

9	9	9	小数	9.	9	9
百位	十位	个位	$\longrightarrow$	个位	个位的 $\frac{1}{10}$	个位的 $\frac{1}{100}$
→ 900	→ 90	→ 9		→ 9	→ 0.9	→ 0.09

与自然数一样，分数是从古代就开始使用的数学计算体系中的一员。它并不是因为特殊的需求才被设计出来的，而是因为在除法还不发达的时期，写成 $\frac{1}{4}$ 比计算"$1 \div 4$"更加容易。但是，随着商业的发展，需要计算的数变得越来越多样化，用分数来计算的局限

性也就越来越明显。

16 世纪后期，沦为西班牙殖民地的荷兰爆发了独立战争，荷兰为了筹集战争资金而到处借款，负责借款的人就是西蒙·斯蒂文。

当时，债务的利息都是用 $\frac{1}{11}$、$\frac{1}{12}$ 这样的分数来表示。因为每个月都要用这样的分数来进行计算，斯蒂文感到非常头疼。有一天，他发现当分母是 10、100、1000 这样的 10 的倍数时，计算起来就会容易很多，还发现分别用与 $\frac{1}{11}$、$\frac{1}{12}$ 的值近似的分数 $\frac{9}{100}$、$\frac{8}{100}$ 来计算会更方便。他将这些内容整理出来，创作了一部关于计算利息的书。

西蒙·斯蒂文

荷兰数学家，发明了小数。

　　根据自己制作的利息计算表，斯蒂文发现，类似$\dfrac{2735}{10000}$和$\dfrac{2735}{100000}$这样的两个数，其大小极易混淆。虽然我们现在一看就知道，分数的分母越大，其数值越小，但当时的人们对于这种数值概念并没有系统性的研究。因此，为了方便区分这样的分数，他决定将$\dfrac{2735}{10000}$的值（即后来发明的小数点后的数）用 2①7②3③5④来表示。虽然该值的标记与现在的小数不一样，但是也能看出：①表示小数第一位，②表示小数第二位，③表示小数第三位，④表示小数第 4 位。就这样，斯蒂文首次标记了小数点之后的数位，为现在的小数奠定了基础。

2. 发明小数点

虽然斯蒂文发明了用小数表示分数的方法，但每次都要标记小数部分的位置，既麻烦又可能将实际数字和它的位数相混淆。为了消除这样的不便，发明乘法符号的威廉·奥特雷德（William Oughtred，1574—1660）在其 1631 年出版的《数学之钥》一书中，把 0.2735 用 0|2735 来表示。虽然这种标记法比斯蒂文的简单，但仍不是很方便，因为 | 和 1 容易相混淆。

为了解决 | 和 1 易混淆这个问题，约翰·沃利斯（John Wallis，1616—1703）最早使用了小数点，并从数学的角度对小数的概念做了准确的说明。除了小数点之外，他还著书对 0、负数、分数、指数等概念做出说明。他的这一系列研究，继续推动了数学的发展。

一开始，沃利斯把小数也写成 0|2735 这种样式，但是在实际使用过程中渐渐发现了小数点的方便之处。此后，又经历了 200 余年，人们才普遍使用和现在一样的小数点。

现如今，在数学中使用的大部分单位和符号在全世界是统一的。而在小数点的样式上，尽管全世界写小数点的基本原理都一样，但是写小数点的具体细则并未完全统一。对此，我们也许会感到意外。

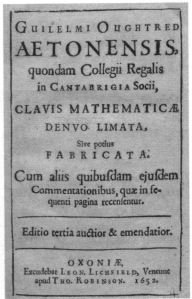

威廉·奥特雷德（左图）和《数学之钥》封面（右图）

奥特雷德是发明并第一个使用乘法符号"×"的数学家。他所著《数学之钥》一书，在数学符号史上占据非常重要的地位，一直到 17 世纪末都被广泛使用。对于数学符号中的否定符号"~"[①]、乘法符号"×"，该书先于其他书籍第一个使用。

---

①　"~"现在被用来表示相似。

例如，中国、日本和美国等国家写小数点的样式都是 1.234 这样的。在英国，则写成了 1·234 的样式，用间隔号来表示小数点，处在两边数字的正中间。而在法国和德国等国家，则写成了 1,234 的样式，用逗号来表示小数点。

约翰·沃利斯
英国数学家，最早使用了小数点。

3. 使用负数

16 世纪前后，随着数的概念更加多样化，欧洲人开始使用负数。负数是指如 -1、-2 这样比 0 小的数。与之相对的，人们把比 0 大的数叫作正数。

在此之前，人们并没有想到过比 0 小的数。因为那时人们相信，不可能有什么比"什么都没有"更小。但是，随着计算越来越复杂，数学家们需要寻找到方法来准确地表示比 0 还小的数。虽然 $2-3$ 和 $2-5$ 的值都比 0 要小，但是数学家们仍然希望能准确地表达出它们究竟比 0 小了多少。

第一个使用减法符号的约翰内斯·魏德曼（Johannes Widman，1462—1498），将减法符号用作"不足之数"的意思，隐约地表达出了负数的意义。与魏德曼生活在同一时代的卢卡·帕乔利（Luca Pacioli，1445—1517）进一步提出："负数与负数相乘，其值变为正数。"这表明他对负数有更准确的理解。

16 世纪初，德国数学家米歇尔·施蒂费尔（Michael Stifel，1487—1567）将负数表达为"比没有更小的数"。英国数学家托马斯·哈里奥特（Thomas Harriot，1560—1621）推出了一个方程式：$2x+8=-5$。该方程式表明，任意两数相加，结果不一定都是正数，也可能会出现比 0 小的数。就这样，负数的概念逐渐地系统化了。

4. 最先找到负数的印度

发明了阿拉伯数字的古印度，对负数的研究也领先于西方国家。印度数学家婆什迦罗第二（Bhāskara Ⅱ，1114—约 1185）在 12 世纪已经理解了负数的概念。

婆什迦罗第二把正数和负数的关系类比为"财产"和"债务"的关系。例如，将"+10"类比为财产 10 元，那么"−10"就是负债 10 元。

另外，他还将正数和负数的方向表示出来，这与我们刚开始学正、负数时使用的数轴非常相似。他表示，如果把从一个基准点往东走三步定义为 +3，那么向西走三步就是−3。

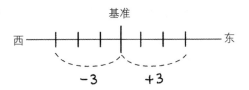

在婆什迦罗第二之后，印度人虽然对负数的概念有了准确的理解，但是将负数应用到计算中是很久之后才有的事。

5. 想象中的数——虚数

我们都知道：2×2=4。那么，有没有哪个数字自我相乘得出-4 的结果呢？答案看起来是否定的。因为即使（-2）×（-2），其结果也是 4，而不是-4。到 16 世纪末，数学家们所理解的所有数，只包括分数、自然数、小数、负数、无理数。在这些数中，同一个数自我相乘会变为负数的情形并不存在。

意大利数学家吉罗拉莫·卡尔达诺（Girolamo Cardano，1501—1576）在 1545 年出版的《大术》一书中，首次对自我相乘得出-15 的数进行了想象，并解开了问题。

为解开等式 □ × □ =-15，卡尔达诺假设 □ 是 $\sqrt{-15}$。此前，毕达哥拉斯曾将自我相乘得出 2 的数标记为 $\sqrt{2}$，所以，卡尔达诺是活用了这一标记无理数的规则。虽然卡尔达诺想出用 $\sqrt{-15}$ 这样的数来标记新的数，但他本人认为这么奇怪的数实际上是不需要的。

不过，其他数学家对此持有不同的想法，有人认为，在数学上像 $\sqrt{-15}$ 这样自我相乘得出负数的数完全有必要存在。法国数学家勒内·笛卡尔（René Descartes，1596—1650）将卡尔达诺所说的 $\sqrt{-15}$ 称为"想象的数"（nombre imaginaire）。这一词语成为表示"虚数"意思的英语短语"imaginary number"的语源。中国和韩国都将这一英语短语翻译成"虚数",指的是自我相乘结果为负数的数。

6. 虚数的单位

　　出生于瑞士的数学家莱昂哈德·欧拉（Leonhard Euler，1707—1783）创造了虚数的基本单位。由于自然数是从 1 开始逐一增大的，所以自然数的基本单位可以看作是 1。欧拉创造的虚数的基本单位为 $\sqrt{-1}$，这意味着两个 $\sqrt{-1}$ 相乘得到 -1。另外，欧拉还利用虚数的英文"imaginary number"的首字母 i，将基本单位 $\sqrt{-1}$ 简单地表达为 i，即

$$i=\sqrt{-1}$$

　　就像常数可以用 -3、-2、-1、1、2、3 这样来表示，虚数也可以表示为 $-3i$、$-2i$、$-i$、i、$2i$、$3i$。例如，$-3i$ 就表示 $-3\sqrt{-1}$。

莱昂哈德·欧拉

数学家，出生于瑞士的巴塞尔，1734 年，他首次使用了函数符号 $f(x)$。1752 年，他发现了欧拉多面体定理。若多面体的顶点数为 V、面数为 F、棱数为 E，则 $V-E+F=2$ 在所有的多面体中都成立。

7. 欧拉的一笔画

下面的两张图中，哪一张能一笔画出呢？所谓的一笔画，是指笔不离开纸，不重复、不遗漏地画出图。

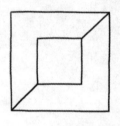 

针对画图问题的解题方法，欧拉是在 1735 年解哥尼斯堡（今俄罗斯加里宁格勒）七桥问题时首次发现的。在普鲁士的哥尼斯堡城内流淌着普雷格尔河，这条河中有两座大的岛屿，河面上有连接岛屿和陆地的七座桥。这个问题是：想不重复、不遗漏地一次性走完这七座桥，最后回到出发点，这样的路线存在吗？欧拉经证明认为并不存在这样的路线，他得出以下结论：若想从某个点开始，笔不离开纸，不重复且不遗漏地一次性经过所有的边，然后再回到起点，那么每个点连接的边的数量必须是偶数。

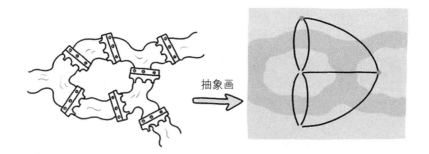

抽象画

接下来，我们来寻找在第一个问题中可以一笔画成的图形。首先，标出交点；接着，统计交点上相交线的数量，并在交点上标示出来。如仅两线相交，就在交点上写上 2 就可以了。（如下图所示）

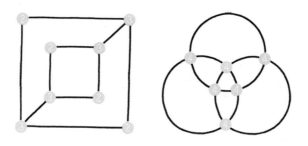

根据欧拉所证明的，只有相交线的数量全都不是奇数的第二个图形才能一笔画出。

8. 标示虚数

无论欧拉怎么解释，当时的人们还是很难认可虚数，原因是人们理解不了想象中的数。虚数无法用来表示物体的数量或尺寸，也无法在实数的数轴上被标示出来。也就是说，虚数是绝对无法凭眼睛看到的数。

丹麦的测绘师卡斯帕尔·韦塞尔（Caspar Wessel，1745—1818）关注到虚数无法在数轴上标示的问题，设计了一种在实数数轴以外标示虚数的方法。瑞士会计师让-罗贝尔·阿尔冈（Jean-Robert Argand，1768—1822）和德国数学家卡尔·弗里德里希·高斯（Carl Friedrich Gauss，1777—1855）也采用了相似的做法，即在横轴上标示实数，在纵轴上标示虚数。就这样，人们找到了在假想空间中标示虚数的方法。

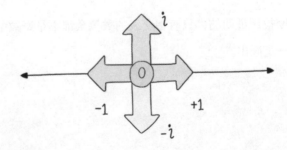

9. 为什么需要虚数?

　　虚数不只是用来表示"□ × □ =-15"这样的等式中的"□"，还被活用于多个领域。如英国物理学家斯蒂芬·霍金（Stephen Hawking，1942—2018）就利用虚数解释了宇宙的起源。

　　霍金假设了虚数时间。所谓的虚数时间，是指所有力的方向都相反的时间。换个角度说，在实数时间里，树上的苹果是往下掉的，但在虚数时间里苹果是向上坠落的。虚数时间以负数的平方来表示。举例来说，在虚数时间里，由于表示加速度的数值带有负号，也就意味着力的方向是颠倒的。

　　美国理论物理学家亚历山大·维兰金（Alexander Vilenkin，生于 1949 年）在 1982 年发表的《宇宙由虚无创生论》一文中，对虚数时间做了这样的说明：原本什么都没有的空间里发生了巨大的震动，从而产生了"宇宙的种子"。在实数时间里，宇宙的种子无法越过宇宙震动产生的能量壁垒，也就无法发展成大的宇宙。但是在虚数时间里，力的方向颠倒了，能量壁垒也变成了凹陷的形态。因此宇宙的种子能够顺利地通过能量壁垒，变成大宇宙。

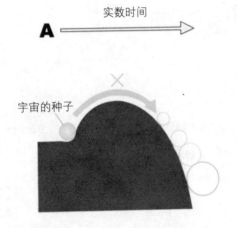

宇宙的种子无法越过能量壁垒，
没能成为大的宇宙。

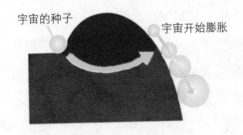

如果流动着的是虚数时间，
宇宙的种子就能越过能量壁垒。

第 2 章

天文学和对数

对数的发明对天文学
研究有怎样的帮助?

"哲学写在宇宙这部大书中。这部大书永远打开着，接受我们的凝视。但是如果不先掌握它的语言，不去解读它记录的字符，那么我们也只能看着它，不能解读它。宇宙是用数学语言写成的，所用的符号是三角形、圆形及其他几何图形。没有这些符号，人们连一个字也读不懂；没有这些符号，人们就只能在黑暗的迷宫中徘徊。"

——伽利略（选自《试金者》）

摆脱中世纪进入近代社会，数学家们开始将目光从地球上移开，投向浩茫的宇宙。在过去，宇宙是神的领域，此时已成为数学家们可以研究的对象。

在观测天体的过程中，需要进行大量的计算，数学由此获得了惊人的发展。为了简化在观测天体过程中使用到的大数字计算，这一时期的数学家发明了对数。我们还是到神秘的宇宙和数学的世界看看吧！

1. 圆与天体

对宇宙的研究，早在人类文明开启之时就开始了。从那时起，观察和研究天体运动的天文学家们就为数学的发展做出了贡献。在科学研究各分支领域细化之前，"数学家"这个名称本就含有天文学家的意思。

古代的天文学家们对宇宙模型有着简单、朴素的理解，他们要么相信是神创造了宇宙，要么相信地球是由动物驮载的，甚至还一度相信地球表面是平展的。

古波斯人认为的宇宙（左图）与古印度人认为的宇宙（右图）

中世纪时期，天文学家们认为太阳、月亮和星星都以地球为中心，以恒定的速度绕着地球转动。像这样，认为地球静止不动、其他行星绕着地球转动的主张，被称为"地心说"或者"天动说"。如果我们观察夜空中的星星，就会发现它们看起来的确像按照圆形的轨迹绕着地球转了一圈儿。日月星辰的这种运动被称为"周日运动"。现在我们已知道，这种周日运动是由于地球自转才发生的。

星星的周日运动

2. 哥白尼与日心说

尼古拉·哥白尼（Nicolaus Copernicus，1473—1543）提出了"日心说"，主张太阳是宇宙的中心，其他行星都围绕着太阳转动。之

托勒密的天体模型木版画（17 世纪）

行星以地球为中心，正绕着地球转动。

后，伽利略·伽利雷（Galileo Galilei，1564—1642）依靠自己发明的望远镜发现新的天文现象，为天文学带来革命性的发展，并为哥白尼的主张提供了科学依据。

　　哥白尼 10 岁丧父，是在身为教区神父的舅舅家中长大的。受舅舅的影响，他希望自己也能像舅舅那样成为神父，并因此进入大学学习。在大学里，他学习了数学和天文学，并发现从罗马共和国时代人们就开始使用的儒略历和信奉的地心说与实际不相符。

哥白尼铜像

哥白尼的日心说虽然在当时并没有得到认可，但在之后促进了中世纪宇宙观向近代宇宙观的转变。

　　此后，经过不断的天文观测，哥白尼终于发现不是太阳围绕着地球转，而是地球围绕着太阳转的事实，并完成了日心说。但是，他的日心说直到他去世后才被发表出来。当时，人们还是相信神以地球为中心创造了万物，因而他们认为地球绕着太阳转的说法冒犯了神的权威。

　　哥白尼的研究对后世的数学家产生了巨大的影响。其后的天文学家对宇宙进行了更为深入细致的研究，为了准确描述天体的位置及它们与地球的距离，他们做了大量的数学运算，由此进一步推动了数学和天文学的发展。

3. 打开近代之门的纳皮尔

约翰·纳皮尔（John Napier，1550—1617）发明了可以轻松计算大数值的对数。继阿拉伯数字、小数的发明之后，对数的发明被称为"第三次计算革命"。

在天文学上使用的计数单位表示的数都非常大，这给数学家们带来了很大的困扰。当然，当时的航海技术与工商业使用的计数单位也呈增大的趋势，但是像地球和星体间那样巨大的距离，用阿拉伯数字来表述依然是非常困难的。为此，数学家们开始研究如何轻松地计算大数值。

天文学研究往往需要用大数值进行数十次四则运算。纳皮尔在研究过程中突然有了这样的想法："把乘法换成加法是不是更容易计算呢？"他并没有单纯地停留在想法上，而是进行了长达二十多年的研究，终于创造出"对数"这个新的概念。对数的全称"logarithm"是由意为"方式"的"logos"和意为"数"的"arithmos"这两个单词前部分组合而成的新单词，缩写为"log"。

纳皮尔在研究乘方 [①] 时发现了乘方幂的性质，由此发明了对数。他通过研究注意到，当两个幂的底数相同时，相乘的结果可表示为底数不变，指数相加，用公式表示如下：

$$a^x \times a^y = a^{x+y}$$

我们以 2^2 与 2^3 相乘为例。2^2 是 2 自我相乘两次的幂，2^3 是 2 自我相乘三次的幂，那么，$2^2 \times 2^3$ 就是 2 自我相乘五次，其幂即 2^5。

$$2^2 \quad \times \quad 2^3 \quad = \quad 2^{2+3}$$

$$2 \times 2 \qquad 2 \times 2 \times 2 \qquad 2 \times 2 \times 2 \times 2 \times 2$$

---

① 求 n 个相同因数乘积的运算，叫作乘方，其结果叫作幂。如，将数 a 相乘 n 次叫作 a 的 n 次方，书写方式是 a^n，其中，a 称为底数，n 称为指数。

4. 对数——计算的革命

接下来，我们详细了解一下对数。关于正数 N，若 $2^x=N$，则当 N 为 4 时，$x=2$；当 N 为 8 时，$x=3$。像这样，当实数 $x>0$ 且 $x \neq 1$ 时，能满足 $a^x=N$ 的实数 x 只存在一个。这时，x 叫作以 a 为底的 N 的对数，记作 $\log_a N=x$。如 $2^3=2 \times 2 \times 2$，幂为 8，用 log 来表示 2^3，就写为 $\log_2 8=3$。就像规定了用"+"来表示加法一样，用 $\log_2 8=3$ 来表示 2^3 这样的方式就是纳皮尔定义的计算方法。

5. 对数表的使用

我们再看一下，在使用对数时，计算是如何变简单的。在做对数计算时，需要有记录对数值的表。比如，$2^2=4$，$2^3=8$，$2^4=16$……像这样，将 2 的乘方改为对数，可得到下表。

$\log_2 2$	$\log_2 4$	$\log_2 8$	$\log_2 16$	$\log_2 32$	$\log_2 64$	$\log_2 128$	$\log_2 256$	$\log_2 512$	$\log_2 1024$
1	2	3	4	5	6	7	8	9	10

如果使用对数表计算 16×64，其计算过程如下。

分别将 16 和 64 视为以 2 为底的对数的真数，记为 $\log_2 16$、$\log_2 64$。从对数表中可以找到对数值，即 $\log_2 16=4$，$\log_2 64=6$。4 与 6 相加的和为 10。同样从对数表中可知，适用于 10 的对数记为 $\log_2 1024$，所以 $16 \times 64=1024$。

① 16　　① 64　　④ $16 \times 64=1024$

$\log_2 2$	$\log_2 4$	$\log_2 8$	$\log_2 16$	$\log_2 32$	$\log_2 64$	$\log_2 128$	$\log_2 256$	$\log_2 512$	$\log_2 1024$
1	2	3	4	5	6	7	8	9	10

② 4+6　　③

这样的计算是怎么实现的呢？16 是 2 自我相乘 4 次的结果，64 是 2 自我相乘 6 次的结果，所以 16×64 与 2 自我相乘 10 次的结果是一样的。

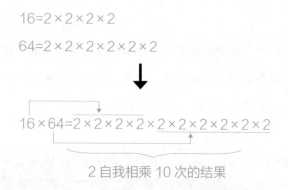

$$16=2×2×2×2$$
$$64=2×2×2×2×2×2$$

$$16×64=2×2×2×2×2×2×2×2×2×2$$

2 自我相乘 10 次的结果

将 16 和 64 用以 2 为底的指数来表示，即 $16=2^4$，$64=2^6$，用算式来表示就是：

$$16=2×2×2×2=2^4$$
$$64=2×2×2×2×2×2=2^6$$

$$16×64=2^4×2^6=2^{4+6}=2^{10}$$

通过上面的计算过程我们不难发现，同底数幂相乘，可以用原底数为底数、指数之和作指数。纳皮尔利用这一原理，将指数相加，创造了能快速找出乘法结果的对数符号（log）。

像这样，如果提前将选定底数后计算出来的对数值制成表，就很容易对照这张表进行大数值计算。对数的发明，使得大数值的计算简单化了。

纳皮尔的这一发明令整个欧洲学界都为之疯狂。尤其是在经常使用大单位的数值进行计算的天文学领域，实在是太有用了。天文学家皮埃尔 - 西蒙·拉普拉斯（Pierre-Simon Laplace，1749—1827）甚至说了这样的话："对数的发明减少了工作量，使天文学家的寿命延长了数倍。"

6. 纳皮尔筹

除了对数之外，纳皮尔还对使用大数值时出现的计算困难进行了持续的研究，然后发明了能快速且简单地计算大数值的纳皮尔筹（也叫纳皮尔计算尺）。

纳皮尔筹的基础就是将一个数的倍数按顺序写在表上。例如，写 6 的倍数，就像下面左图的计算尺一样，在对角线的上方写十位数、下方写个位数，按这样的顺序写下去。

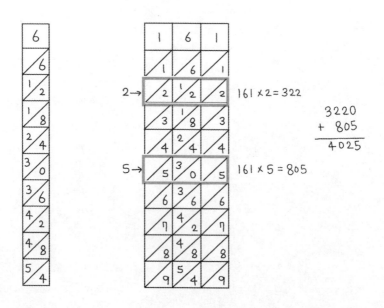

纳皮尔纪念碑

纳皮尔在数学领域做出的最大贡献是发明了对数。有了对数,针
对大数值的计算变得简单了,对天文学也非常有用。

　　我们用纳皮尔筹来计算 161×25。如第 38 页右图所示，先将 1、6、1 的纳皮尔筹并排列出来，然后在各个位数上分别找出表示 2 倍的那一行和表示 5 倍的那一行。接着，分别求 161×2 和 161×5 的乘积，即分别将所在行紧邻但错位的两个数字相加。最后将上面的两个乘积再错位相加，就能求出 161×25 的值。

7. 纳皮尔发明的对数公式，被选为"十大数学公式"之一

1971 年，尼加拉瓜政府发行了纪念"世界最重要的十大数学公式"的一套邮票。每套的每一枚邮票的正面都印有被入选的"十大数学公式"之一，背面都印有对所选公式的简单说明。入选公式包括勾股定理、阿基米德定律、牛顿（Isaac Newton，1643—1727）的万有引力定律等公式，纳皮尔的对数公式也与这些公式一起荣登榜上。

如今，我们依旧在学习和使用对数计算的方法，只是所使用的对数表为常用对数表。以 10 为底的对数称为常用对数，通过制作常用对数表，就能求出常用对数的值。

制作常用对数表的人并不是纳皮尔，而是亨利·布里格斯（Henry Briggs，1561—1630）。纳皮尔发明对数时，所用底数并不是 10。后来，布里格斯根据阿拉伯数字的十进制法，将底数统一为 10，计算出了从 1 到 2 万、从 9 万到 10 万的对数值，并汇集成书出版。这就是常用对数表的开端。

那么，我们该怎么利用常用对数表来求对数值呢？方法出乎意料地简单。我们不妨以 2.36 为例，求一下它的常用对数值。

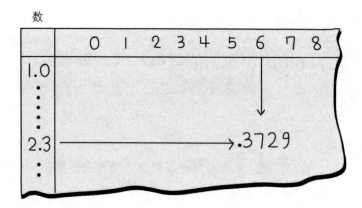

常用对数表示意图

先在对数表上找出 2.3 对应的行，接着找出 0.06 对应的列，然后在两者交叉的点上读取数字 0.3729，此即 lg2.36 的值。以这样的方式，可以利用对数表很方便地求出从 1 到 9.99 的常用对数值。

第 3 章

抛物线和
平面坐标系

怎样才能计算出炮弹
飞行的轨迹呢？

　　如今，我们在学校里学的有关几何图形的知识，大部分都是以公元前 3 世纪古希腊数学家欧几里得创作的《几何原本》为基础的。几何学就是对三角形、四边形、圆形之类的图形的边（弧）长、面积、角度等进行测量或者计算的一门学科，是数学的一个领域。在欧几里得创作《几何原本》之后的两千多年间，基本没有出现研究图形的其他方式。所以，也可以称数学中的几何学为欧几里得几何学。

　　但是，随着进入近代社会，在人们对以宇宙为重点的各种自然现象进行数学分析的过程中，开始出现一些用欧几里得几何学无法处理的问题。这时，伟大的哲学家、数学家笛卡尔发明了分析图形的新方法，并创立了解析几何学。

1. 行星轨道与椭圆

中世纪时，天文学家们认为行星的轨道是圆形的，但是德国天文学家约翰内斯·开普勒（Johannes Kepler，1571—1630）发现了以太阳为中心转动的行星，其运行轨道是椭圆形的。

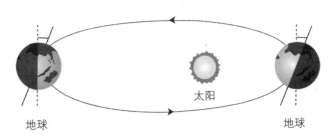

地球绕着太阳公转，其运行轨道是椭圆形的

开普勒曾是奥地利格拉茨大学的数学和天文学教授。起先，他也认为宇宙中的行星是沿着圆形轨道运行的。在其 1596 年所著《宇宙的奥秘》一书中，他阐述了行星是以圆形轨道运行的。

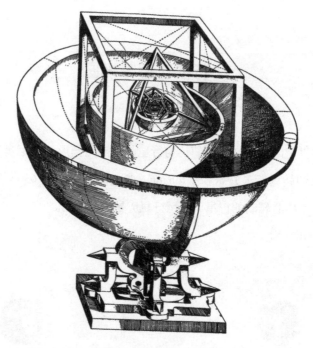

《宇宙的奥秘》里所描述的太阳系多面体模型

　　几年后，开普勒开始在罗马帝国的皇家天文学家第谷·布拉赫（Tycho Brahe，1546—1601）的家中工作。由于第谷突然去世，他继承了第谷的工作并接管了第谷留下的天文观测资料。以第谷留下的研究资料为基础，他对行星运转现象展开了系统性的研究。在为期十年的研究过程中，他终于发现行星是以椭圆形的轨道绕太阳运行的。

　　虽然通过欧几里得几何学可以求出圆的周长和面积，但是对于求椭圆的周长和面积的方法，人们还无从知晓。在欧几里得几何学中，我们可以通过圆的周长和直径之间的关系计算出圆周率，但是椭圆与之不同，尽管其周长保持不变，但它的直径完全不同。也就是说，在椭圆的周长与直径之间，人们找不到关联。因此，即使人们得知了行星以椭圆形的轨道绕着太阳运行，也没有分析轨道长度和大小的数学方法。

2. 大炮与抛物线

运用欧几里得几何学分析不了的图形，不只有椭圆。例如，将物体抛向远处时，物体冲向前方然后落地的轨迹叫作抛物线，依靠欧几里得几何学，还无法测量抛物线的长度和角度。

到了近代，人们对抛物线的兴趣之所以增加，是因为想更好地使用大炮。曾统治欧、亚、非三大洲的罗马帝国在 395 年分裂为东罗马帝国和西罗马帝国。西罗马帝国自建立起，就不断受到哥特人入侵，最终在 476 年因日耳曼人率军侵占而灭亡。与此不同的是，东罗马帝国建立后，延续罗马帝国命脉长达一千多年。不过，东罗马帝国同样因其他民族的入侵而身处频繁的战乱之中，最终成为只剩下首都君士坦丁堡的小国。雪上加霜的是，1453 年东罗马帝国遭到了奥斯曼帝国的侵略。近一千年来，君士坦丁堡的三重城墙阻挡住了敌人近 30 次的攻击。但这次，为了攻陷这三重城墙，奥斯曼帝国军队配备了威力巨大的大炮。这些大炮每门重量超过 600 千克，射程达 1600 米。在这些巨型大炮的不断攻击下，君士坦丁堡的三重城墙不断倒塌。尽管东罗马帝国的士兵极力抢修被大炮轰倒的城墙，拼命进行防御，最终他们还是倒在了穿过倒塌的城墙缺口蜂拥而入的奥斯曼帝国军队的面前。

《穆罕默德二世进入君士坦丁堡》

为了对抗其他民族的入侵，东罗马帝国在君士坦丁堡修建了各种防御设施。但是在 1453 年，奥斯曼帝国的穆罕默德二世还是利用大炮攻破了固若金汤的城墙。

　　以这场战争为标志，大炮成为决定战争胜负的武器。随着大炮的作用越来越重要，为了找出让炮弹一击即中的方法，数学家们进行了深入研究。而为了准确地命中目标，就必须从数学上精确计算出炮弹的发射角度。

3. 对抛物线的研究

　　最早研究炮弹飞行轨迹的人是意大利数学家尼科洛·塔尔塔利亚（Niccolò Tartaglia，1499—1557）。塔尔塔利亚在自己的著作《新科学》（1537 年出版）中，对炮弹做抛物线运动的相关问题进行了解释。而在此之前，像亚里士多德这样的数学家都认为，抛石机抛出的石头、大炮发射的炮弹飞行到顶点之前一直沿直线前进，到达顶点之后就会垂直下落。在此书中，塔尔塔利亚虽然没有准确地给出证明，但是他说明了大炮以 45 度角发射时，炮弹飞行的距离最远。

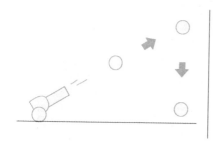

亚里士多德的观点

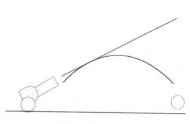

塔尔塔利亚的观点

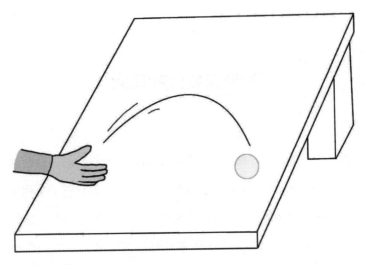

伽利略做的模拟炮弹飞行轨迹的实验

意大利圣克罗切教堂（也称圣十字教堂）中的伽利略陵墓

伽利略曾留下一句名言："大自然是一本用数学语言写成的书。"

　　以塔尔塔利亚的研究为基础，众多的数学家为了解开炮弹的运动轨迹做出了不懈的努力。之后，通过数学证明炮弹呈抛物线状下落的人是伽利略。为了减小重力的影响，伽利略让铁球从倾斜的桌面上滚下来，模拟炮弹的飞行轨迹进行了一系列实验。通过实验证明，炮弹的飞行轨迹呈抛物线状。然而，想准确地表示炮弹的速度和方向，依旧很困难。要想计算出炮弹飞行的距离和高度，就得从数学上对抛物线进行分析，但是利用欧几里得几何学无法研究抛物线，因为人们无法用尺子量出曲线的长度，也无法用量角器测量出其角度。

4. 不幸的数学家塔尔塔利亚

塔尔塔利亚在研究弹道轨迹时，在给朋友的信中写了这样一句话："研究给一些人带来痛苦、给整个人类带来危害的技术，即使受到神的严厉惩罚也无话可说。"

据说，经塔尔塔利亚公式计算出来的数据保证了炮弹具有无法想象的高命中率。那么，他在上面那封信中所说的话成为事实了吗？是的，一语成谶，尽管贵为伟大的数学家，但似乎真的受到了神的残酷惩罚，他在痛苦中不幸离世。

塔尔塔利亚原名叫尼科洛·丰坦纳（Niccolò Fontana），1499年出生于布雷西亚的一个贫穷家庭，6岁时父亲遇害离世。到了1512年，灾难接踵而至。他生活的村庄遭到法军侵略，他的头部特别是下巴被法国兵砍成重伤。由于当时的医疗设施和知识均严重不足，他的母亲只得让狗来舔舐伤口，意图用这样的做法来治好儿子的伤。为此，这次受伤给他留下了结巴的后遗症。"塔尔塔利亚"（Tartaglia）在意大利语中是"口吃者"的意思，最终竟成为人们对这位不幸的数学家的称呼。

因家中贫穷，塔尔塔利亚的母亲历尽艰难才凑到钱，将他送进学校学习。他对照一本关于文字的书自学，熟悉了文字的写法。据

说，因没有钱买纸张，他就到
公共墓地，将墓碑上的文字
抄写到地上，以这样的方式
学习。

尼科洛·塔尔塔利亚

虽然有各种困难，但是塔
尔塔利亚仍然成长为一名有才
华的数学家。他不仅翻译并出
版了欧几里得和阿基米德的著
作，还写出了优秀的数学著作
并发表了优秀的数学论文。然
而，不幸再一次降临到他的身上。

塔尔塔利亚最先发现三次方程的解法，但被吉罗拉莫·卡尔达
诺抢走了成果，还遭受了偷窃计算方法的诬陷。为了挽回自己的名
誉，他向卡尔达诺提议，通过数学比赛来比拼实力，看谁更懂得如
何解三次方程。因为他觉得，一定是真正发现解题方法的人更会
解题。

卡尔达诺不想参加明显会输的比赛，就让他的学生费拉里参加
比赛。出人意料的是，费拉里的数学实力相当突出，最终战胜了塔
尔塔利亚。在这之后，塔尔塔利亚就被当成了撒谎者，在精神上备
受煎熬，不幸于 1557 年永远地离开了人世。

5. 发明坐标系

　　人们可以准确地描述炮弹的飞行轨迹，是在笛卡尔发明坐标系之后。其实，比起"数学家"这个名号，笛卡尔更以"哲学家"闻名于世。坐标是指用数字的方式来表示某一点在空间中的位置。笛卡尔发明的坐标系由平面内两条相互垂直的数轴交叉而成，所以被称作直角坐标系。人们将直角坐标系和斜坐标系合在一起，以笛卡尔的名字来命名，将其称作笛卡尔坐标系。因为直角坐标系在数学上最常用，所以也被简称为平面坐标系。

勒内 · 笛卡尔
笛卡尔发明的平面坐标系使解析几何学得到了划时代的发展，由此打开了近代数学之门。

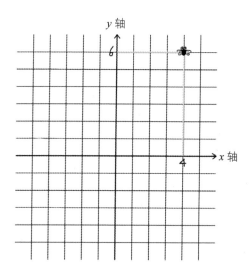

　　上图就是笛卡尔最初创造的平面坐标系，中间分别画着横、纵两条轴，横轴为 x 轴，纵轴为 y 轴，两条轴相交的点称为原点。像这样以 x 轴和 y 轴组成的坐标系就是平面坐标系。笛卡尔创造平面坐标系的这种看似简单的尝试，改变了数学历史。

6. 解析几何

在欧几里得几何学中，测量长度时需要使用刻度尺，测量角度时需要使用量角器。笛卡尔则用坐标系代替这些工具，他将图形放在坐标系中，利用公式进行分析。此前，研究公式的数学领域被称作代数，而笛卡尔则将代数用到了几何中，用代数公式来分析图形，并因此开辟了解析几何这个新领域。在解析几何中，笛卡尔用公式来表示图形，通过解析公式来分析图形的特性。

在欧几里得几何学中，需要亲自用尺子来测量两点之间的距离。

在欧几里得几何学中，要想知道两点之间的距离，需要使用尺子测量。但是，在解析几何中，由于有坐标系的帮助，只需用勾股定理就能求出两点之间的距离。勾股定理是一个基本的几何定理，给出了直角三角形三条边的长度关系。根据勾股定理可以得知，所有的直角三角形，其斜边的平方等于另外两边的平方和。

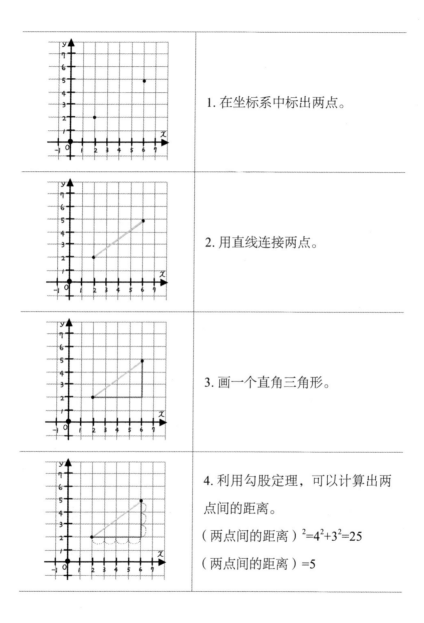

1. 在坐标系中标出两点。

2. 用直线连接两点。

3. 画一个直角三角形。

4. 利用勾股定理，可以计算出两

点间的距离。

（两点间的距离）$^2=4^2+3^2=25$

（两点间的距离）$=5$

利用解析几何，同样可以将图和公式相结合来表示抛物线，如下图。利用它可以对抛物线的多样性进行研究。

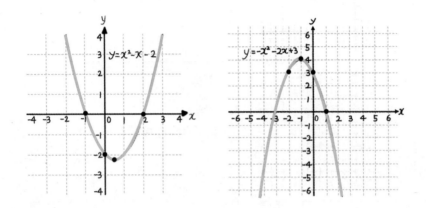

用图和公式表示的抛物线

左图表示 $y=x^2-x-2$，右图表示 $y=-x^2-2x+3$。

当然，仅凭抛物线图来计算，是很难准确地掌握炮弹的实际飞行轨迹的。因为炮弹的飞行轨迹还会受风、雨等气候条件，以及大炮用的火药量等多个因素的影响。由于这个原因，研究炮弹飞行轨迹逐渐发展成为一门专业科学，现如今被称为弹道学。当然，其研究的对象不再局限于炮弹，还包括子弹、导弹、火箭等发射对象。

7. 抛物线图形

　　在坐标系上描述抛物线，用公式来表示就是 $y=ax^2+bx+c$ 这样的二次函数。二次函数指的是未知数 x 的最高次为 2。

　　　　一次函数：$y=ax+b$
　　　　二次函数：$y=ax^2+bx+c$
　　　　三次函数：$y=ax^3+bx^2+cx+d$

　　在表示抛物线的公式 $y=ax^2+bx+c$ 中，当 x 是 1、2、3……时，进而当 x 是 0.1、0.01、0.00001……时，在坐标系上将 y 的值用点标出来，然后连接各个点就会形成抛物线的形状。抛物线的形状与 x^2 前面的系数 a 有关：若 $a>0$，则抛物线的开口朝上；若 $a<0$，则抛物线的开口朝下。

8. 对抛物线的运用

在实际生活中，抛物线可以运用到哪些方面呢？如下图所示，俗称"锅盖天线"的抛物面天线可以用来接收卫星信号，实现电视转播。它的内壁就是按照抛物线来设计的。

抛物面天线

电视台发送的电波信号，在天线聚集后重新以电视画面的形式辐射出来。如果电视台与收看电视的家庭离得太远或者中间的障碍物太多，电视信号就会减弱。

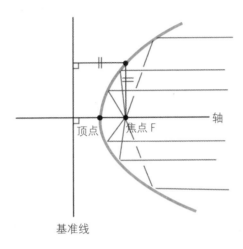

基准线

抛物线的焦点
电波信号折射后，聚集在抛物线的焦点上，此处可接收到最大的信号能量。

抛物面天线解决了这一问题。它将各个方向的电波信号聚集到焦点上，将电波的能量重新放大。从上图可以看到，外部的电波信号在天线内壁折射后，在中间聚集到了一个点上。这个点是所有的电波信号聚集之处，电波信号最强，它就是抛物线的焦点。我们可以通过抛物线的图形和公式找到焦点。

第 4 章

微分和积分

微分和积分是怎样的
关系呢?

通过对天体运行轨迹和炮弹飞行轨迹等现象进行数学分析，科学家们最终发明了微分和积分，微分和积分合称为微积分。

借助笛卡尔发明的坐标系，牛顿和戈特弗里德·莱布尼茨（Gottfried Leibniz，1646—1716）分别于 1680 年左右发明了微积分。牛顿更是把微积分发展成了数学乃至物理学领域的核心概念。要想准确理解诸如季节交替、潮涨潮落、人口变化、汽车行速等给人们的日常生活带来的影响，就要用到微积分的相关知识。虽然从数学上分析微积分是很难的，但是我们可以通过微积分被发明的过程去理解它的概念。

伴随着微积分的诞生，围绕着它的发明权到底属于天才数学家牛顿还是莱布尼茨，英、德两国数学家之间展开了旷日持久的争论，由此还一度演变成英国和德国的自尊心之争。接下来，我们一起来看一下微积分诞生的故事吧。

1. 微分

　　微分指的是用数学来分析一个变量的即时改变量。17 世纪，欧洲的许多数学家都按照自己的方法去发展微积分。无论是炮弹落下时形成的抛物线轨迹，还是行星公转形成的椭圆轨道，要想知道炮弹飞行和行星运行的即时速度和方向，就得借助微积分，比如，了解炮弹下落形成的抛物线轨迹。

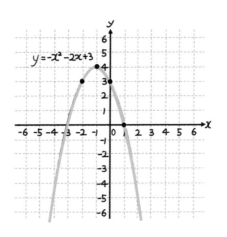

　　从上图我们可以知道炮弹下落的完整轨迹，但是对于炮弹的速度和方向在某个瞬间是如何变化的，仍然无从知晓。要知晓它们的变化，我们就要用到微分。

必须指出的是，尽管现代意义上的微分是由法国数学家费马（Fermat，1601—1665）最早提出的，但是在数学上建立起微分的相关理论的是牛顿和莱布尼茨。

2. 牛顿的微分

　　牛顿是英国的物理学家、天文学家、数学家，出身于农场主家庭，身为农场主的父亲在他出生的三个月前就去世了，之后他的母亲改嫁，他被托付给外祖母并跟随外祖母长大成人。18 岁那年，牛顿进入剑桥大学三一学院学习，在那里他饱览包括笛卡尔、开普勒在内的一些划时代的科学家的著作，并自学了物理学和数学。

　　1665 年，欧洲"黑死病"（鼠疫）流行，单单在英国就有近 10

牛顿

万人死亡。当时还在剑桥大学三一学院上学的牛顿因此回到家乡，开始研究天体的运行。

牛顿以开普勒的主张为基础观察行星的运行，为了从数学上对行星的运行轨迹加以证明，他于 1666 年发明了微分。牛顿的微分与用数学计算行星的即时运动有关，他通过微分来分析物体的位置、速度、加速度和作用力等，从而证明了行星运行的轨道是椭圆形的。

3. 牛顿的积分

微分常常和积分连在一起，微分具有"分割到无限小"的意思，与此相反，积分具有"将无限小的东西累积起来"的意思。

微分和积分是互为逆运算的关系。在 2+3=5 中，为了使 5 反过来变成 2，就需要减去之前加上去的 3，像这样将某种运算倒过来计算，就叫作逆运算。也就是说，2+3=5 和 5-3=2 是互为逆运算的关系。17 世纪末，牛顿在研究物理学、分析速度与运动关系时，发现了微分和积分的关系。

我们还是借助汽车的速度变化图来了解微分和积分的关系吧。在速度和时间变化图中，面积代表着移动距离的累加。例如，汽车以 40 千米 / 小时的速度行驶 2 小时，其移动距离是 80 千米（40 千米 / 小时 ×2 小时 =80 千米）。实际上，在行驶过程中汽车的速度是不断变化的，有时候还会停下再起动，速度也会忽快忽慢。下页的图显示了速度变化的情况，可以看出，在一定时间内汽车的行驶距离就是速度和时间的乘积，可以通过计算图中彩色部分的面积得出结果。但是，彩色部分是以曲线构成的图形，该如何计算它的面积呢？对此，可以从时间轴上将彩色部分细分成小块，然后再将细分的小块的面积累加起来就得出结果了。这就是积分的使用。

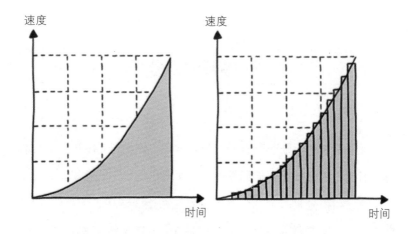

接下来，我们以时间为基准来求汽车的移动距离。如果将时间
细分成如 1 秒、0.01 秒、0.0000001 秒这样小的时间段，根据不同
时间段汽车的速度就能知道该时间段汽车的移动距离。为观察即时
变化的量而将某个量细分，这称为微分。因此，汽车的移动距离和
速度之间就有了以下的关系。

牛顿通过研究得出微分和积分是互逆的关系，并利用图形和公
式对微分和积分的关系进行了说明。但他并没有将自己的这一研究
成果在学界公布，只是告诉了几个熟人。不过，在 1687 年首次出

版的《自然哲学的数学原理》（共三卷）中，牛顿介绍了使用微分计算的内容。该书为西方工业革命奠定了科学基础，简称《原理》（ *Principia* ）。

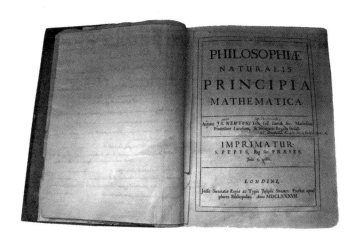

《自然哲学的数学原理》

4. 牛顿真的是因看到苹果掉落而发现万有引力的吗？

任意质量的物体间存在相互吸引的力，这种力被称为引力。我们之所以能够双脚踩在地面上而不是飘浮在漫无边际的太空中，是因为受到了地球的吸引。一个妇孺皆知的故事是，牛顿是在看到苹果从树上垂直落下时发现了万有引力。

1665 年，牛顿才 20 岁出头，就读的大学因为"黑死病"被关闭，他回到了家中。大家都知道，牛顿就是在这个时期的某天，坐在家中的庭院里，看到苹果从树上落下后，悟出了万有引力。但是，有关这个故事的真实性，科学家之间存在争议，有些科学家认为，在牛顿身上并没有发生过这个故事。

英国皇家学会发布的一份文件让上述争论得以消除。这份文件来自与牛顿关系密切的英国科学家威廉·斯图克利（William Stukeley，1687—1765）。斯图克利写了《牛顿生平回忆录》一书，并把记录牛顿从幼年到晚年生平的文件都汇总起来，于 1752 年交给了英国皇家学会。

有关牛顿与苹果树的故事，出现在这份文件的第 42 页。据该文件记载，1726 年 4 月 15 日，斯图克利与牛顿在晚餐结束后坐在苹果树下喝茶，这时牛顿说起了他少年时的一个好奇：苹果为什么总是竖直向下掉落，而不是向斜下方或者向上掉落呢？牛顿还说要去了解有关地球对苹果的引力。这样看来，牛顿似乎是在观察苹果掉落时推测出了其背后隐藏着的原理，因而，这个故事被证明是真实的。

牛顿发现万有引力，改变了物理学的历史。此后，爱因斯坦在1916 年通过广义相对论指出"因质量和能量的分布不均，四维空间的扭曲产生了引力"，使引力的适用范围从地球扩大到了宇宙。

但是，对于"引力是什么""为什么会产生引力"这些问题，即使我们已经用牛顿和爱因斯坦的引力理论发射了宇宙飞船，也解开了宇宙诞生的奥秘，它们仍是个谜。实际上，牛顿和爱因斯坦也只是用公式表现了引力的作用，并没能对其本质进行说明。因而，至今仍有数以万计的科学家在为揭开引力的秘密而做研究。

5. 莱布尼茨的微积分

莱布尼茨是德国哲学家、数学家，他从数学上定义了微分、积分的概念，并提出了使用至今的运算符号。到 1675 年，他完成了一套完整的微分理论。1684 年，他发表了名为《一种求极大、极小值与切线的新方法》的论文，公布了自己在微积分上的研究成果。

戈特弗里德·莱布尼茨

　　牛顿为了说明物体的运动，用微分来表示物体在极小的时间间隔内的状态；莱布尼茨为了求坐标系上曲线的斜率而想到了微分。坐标系上的图形，可以看作是在每个瞬间发生变化形成的图形的累积。因此可以说，理解图形的瞬间变化，是理解图形整体状态的第一步。

6. 微积分之争

英国的数学家们认为，莱布尼茨偷看了牛顿未发表的论文，并剽窃了牛顿的想法。因为莱布尼茨在 1673 年曾访问过英国皇家学会，也看过牛顿没有发表的有关微积分的论文，并且在 1676 年，牛顿曾将关于微积分的内容写在信里寄给了莱布尼茨。但是，由于莱布尼茨率先发表了关于微积分的论文，所以德国的数学家们认为是莱布尼茨最先发明了微积分。

为了弄清到底是谁发明了微积分，曾向莱布尼茨学习微积分的数学家伯努利还出了下面这道题。

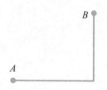

在高度不一的两点（A、B）之间，找出一条线，使物体沿着这条线从最高点（B）下落到最低点（A）时所用的时间最短。

这个问题只有运用微积分知识才能解决。伯努利把这个问题发给了欧洲的多名数学家，当时只有 4 个人解出了这一问题，其中一位就是莱布尼茨。只是在这 4 个人之中，有一人在给伯努利的回信中给出了正确答案却没有留下名字。据说，收到信后伯努利认出了写信人正是牛顿，为此他还说道："如果是狮子，看爪子就能认出来。"由此可知，牛顿和莱布尼茨都知道微积分知识。

然而，针对牛顿和莱布尼茨两人中"是谁发明了微积分"这一问题，后来在英国数学家和德国数学家之间演变为越来越激烈的争论。据说，牛顿和莱布尼茨的关系也不好。因而，围绕两人之中"是谁发明了微积分"的争论持续了一百多年，直到1820年人们才认定：两人各自独立发明了微积分。两人也因此同时被认定为微积分的发明者而载入史册。

7. 3D 打印机和积分

在电脑文件上输入"杯"字，再点击"打印"，打印机就会在纸上打印出"杯"的字样。那么，能否用打印机直接打印一个杯子的实物出来呢？如今，得益于 3D 打印机，这种在我们日常生活中如同痴人说梦一般的事情竟然成真了。

3D 打印机的工作原理中蕴含了微积分的基本知识。它的制作原理可以分成三个阶段。第一个阶段是利用电脑程序将要制作的产品进行三维设计并存储。第二个阶段类似于微分过程，是将设计好的 3D 图纸切成一层层像纸张一样的薄片。第三个阶段就是把这些薄片重新叠起来，通过类似积分的过程完成产品制作。

在 3D 打印机诞生之初，人们只能使用塑料来制作一些简单的塑料产品，近年来扩充了橡胶、水泥、食品等多个种类的打印原材料。随着原材料变得多样化，3D 打印也被运用到建筑、饮食等更多领域。

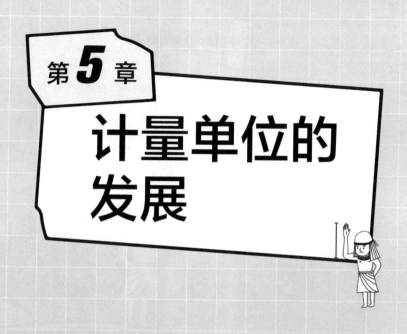

第5章

计量单位的发展

计量单位是如何
固定下来的呢?

"Hi，everyone！"（大家好！）

为什么我会突然讲英语？因为我打算在假期里到世界各地旅行，同时学习数学史。在旅途中，会遇到世界各地的朋友，所以我正在努力练习问候语。

接下来，还要为这次旅行准备什么呢？护照、衣服、相机，还有常备药……行李箱应该装得满满当当了。那么，准备好这些，就可以出发了吗？

哦，想起来了！还没准备最重要的携带物品——钱！我得去银行，把我们国家的钱换成外汇。为什么每个国家都使用不同的货币呢？表面看是因为各自使用的货币单位不一样。比如，韩国的货币单位是韩元，美国的货币单位是美元，日本的货币单位是日元。如果全世界都使用同一种货币，那该多方便啊……

在众多的计量单位中，也有世界各地共同使用的单位，如"米"（m）。大家都知道100米短跑，要是每个国家"100米"的长度各不相同，那会发生什么事呢？那就是，每个国家的跑道长度都不一样，世界纪录也毫无意义。

世界各地开始使用"米"这个单位，是从法国大革命开始的。1789年开始的法国大革命是开启近代民主的重要事件。那么，法国大革命之前的长度单位是怎样的呢？通过法国大革命，又是怎样制定"米"这个单位的呢？我们一起走进当时的历史吧！

1. 原始时代的计量

为了了解"米"之前的计量单位，我们先回想一下上体育课时在操场上画出长、宽相等的棒球场的情形。大家应该都有这样的印象，为了确定长、宽是否准确一致，我们会以同样的步幅沿着边线进行步测。在生活中，我们会单手张开两指，像尺蠖爬行那样测量长度，也会以自己的身高为基准，比较朋友之间的身高差异。

原始时代，人们也是用这样的方法来测量长度的。因为当时没有数字，原始人只能用石头、羊这样的实物来表示数量。像我们现在这么方便地用尺子测量长度，对于他们来说是很难想象的。

不过，对于原始人来说，他们也很需要一个表示长度的基准单位。比如，从所在地到有水的地方需要走多远，要爬到树上多高时才能摘到果子，要对这些进行说明，就必须有一个能成为所有长度的基准的单位。

这时，最便利的方法就是选择身体的某个部位或其移动间距作为基准。比如，果树的高度是自己身高的几倍，需要走多少步才能从家里走到井边。这样的方式比起"远""近""高""低"这种很模糊的主观判断，能更准确地表示长度。

2. 古代的长度单位——脚尺

随着人们聚居生活，社会逐渐发展，古代各国越来越需要统一的长度单位。因为利用人的指端间距、身高、步幅等身体部位间距或身体部位移动间距来表示长度，就会出现每个人所表示的长度不一样、需要进行多次计算等错乱和诸多不便。

为了研究出统一的单位，古代各国均做出了努力。据史料记载，历史上较早使用的长度单位是公元前 2500 年左右苏美尔人使用的"脚尺"（foot）。苏美尔人早在公元前 3500 年就生活在美索不达米亚南部的苏美尔地区。公元前 2350 年左右，美索不达米亚北部的阿卡德人占领了苏美尔地区，但仍延续着苏美尔人创造的文明。因此，可以说是苏美尔人奠定了美索不达米亚文明的根基。

脚尺是长度单位，1 脚尺为成年男性的脚趾尖到脚跟的长度，约为 15 厘米。使用这个长度单位的不只有苏美尔人，还包括古埃及人和古罗马人，它是美国和英国使用的英尺（feet）的起源。英语里 feet 是 foot 的复数形式，1 英尺相当于 30.48 厘米。

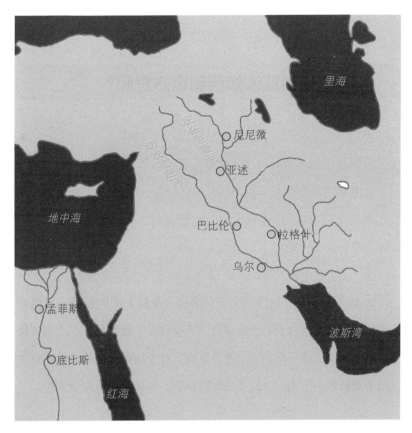

里海

尼尼微

亚述

地中海

巴比伦

拉格什

乌尔

孟菲斯

波斯湾

底比斯

红海

苏美尔文明昌盛时期的西亚地区示意图

苏美尔文明诞生于底格里斯河与幼发拉底河之间的美索不达米亚平原。这里水量充足，食物丰富。以这里为中心，出现了多个城邦国家。公元前 2350 年左右，闪米特人萨尔贡一世征服了所有的城邦国家，在此建立了阿卡德帝国。

3. 诺亚该如何制造方舟呢?

你要为自己建造一艘方舟，要用歌斐木①建造，里面要有一些舱房，内外要涂上松香。要求这艘方舟长为 300 肘尺②，宽为 50 肘尺，高为 30 肘尺，舟顶有 1 肘尺的透光口，门开在方舟的侧面，整艘方舟分为上、中、下三层。

上面这段像暗号一样的文字，出自《圣经》中的记载。只要看《圣经》，就会发现里面有一段关于"人类作恶，扰乱世界，上帝要降下大洪水惩罚人类"的内容；还会发现，对于按照上帝的指示正直生活的诺亚及他的家人，上帝答应放过他们，并指示诺亚建造大船。

---

① 歌斐木，又称为雪松、香柏。
② 肘尺为古代长度单位，在古罗马，1 肘尺 ≈ 44.37 厘米。

4. 实际上能制作出诺亚方舟吗？

在《圣经》中，用难懂的"方舟"一词来代替"船"，这样做的理由是什么呢？方舟上并没有一般的船只所具有的船帆、船舵等构件，而且方舟本身并不是用作水上的交通工具，而是用作能在水中安全漂浮起来的装载器。所以我们只要看英文版的《圣经》，就会发现"方舟"的单词为"ark"（箱子）。

苏美尔人使用的 1 肘尺约为 51 厘米，随着时代的不同也会有一些差异。即使按"1 肘尺 =45 厘米"来计算，诺亚方舟也达到了长为 135 米（300 肘尺）、宽为 22.5 米（50 肘尺）、高为 13.5 米（30 肘尺）的体量。它的体积约为 4.1 万立方米，相当于 522 节火车车厢的容量。那么，它能装载多少动物呢？

根据美国动物分类学家欧内斯特·迈尔的分类表可知，地球上现有动物约 100 万种。其中有超过 94.24 万种动物生活在水里，不需要乘坐诺亚方舟。还有像鲸鱼之类的哺乳类动物、大部分两栖类动物和能在水中存活的昆虫，它们无须登上诺亚方舟也能在洪水中生存下来。

因此，按最大限度计算，大概会有 1.76 万种动物可以进入方舟内，如果按每种动物只放入雌雄一对来计算，其数量就是 3.52

万。这里既有大象那样体形大的动物，也有老鼠那样体形小的动物。我们假定一只羊的体积就是这些动物个体的平均体积，如果这只羊的体积为 0.4 立方米，那么所有动物的体积总和就是 1.408 万立方米（0.4 立方米 ×3.52 万），约占方舟的三分之一。也就是说，在方舟上装进上述动物后，还多出三分之二的空间可以另作他用。

这里提到的肘尺，是继脚尺之后最早留有记录的长度单位。肘尺的单词"cubit"来自拉丁文单词"cubitus"，意为"肘"，最早

荷兰建筑商约翰·豪伯斯以《圣经》记载的内容为依据制造的诺亚方舟

由苏美尔人使用，后来也被古埃及人广泛使用。1 肘尺指的是从肘到中指指尖的长度，苏美尔人用青铜杆来制作尺子，标准为：1 肘尺 =51.72 厘米。

5. 古埃及人使用的肘尺

　　由于国家和时代不同，各国所制定的 1 肘尺的长度也各不一样。参照苏美尔人以肘尺为单位的古埃及人，刚开始时将每个人的中指指尖到肘的长度作为 1 肘尺，约为 46 厘米。

　　不过，在建造多种建筑物、制作多样工艺品的古埃及，用脚尺或者肘尺来表示长度，其精确度是很有限的。我们思考一下，假如用刻度间距为 10 厘米的尺子去测量 4.6 厘米的长度，会出现什么样的情形呢？大概只能说，其长度约为 10 厘米的一半。正因如此，古埃及人开始将"肘尺"分成更小的单位。

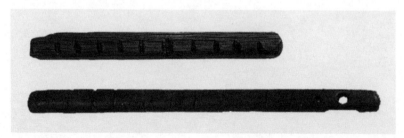

古埃及人使用的尺子

在古埃及，虽然也使用工具来测量长度，但是其精确度是很有限的。

　　要从自己身上找出 1 肘尺的长度，我们只要测出中指指尖到肘的长度就可以了。我们可用另一只手来量一下 1 肘尺到底有几拃（拃，指张开手指，从大拇指到小指两指尖之间的距离），一般约为 2 拃。所以，古埃及人就把 1 肘尺的二分之一定为 1 拃（*spd*，古埃及语）。

　　另外，古埃及人将食指到小指的宽度定为 1 掌（*šsp*，古埃及语），可以量出 1 肘尺为 6 掌。因此，他们用 1 掌来表示 1 肘尺的六分之一。由于 1 掌是 4 根手指的宽度，因此，他们用 24 根手指的宽度来表示 1 肘尺的长度，1 指（*db*，古埃及语）就是 1 肘尺的二十四分之一。

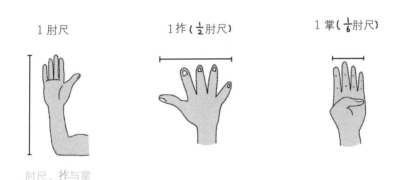

肘尺、拃与掌

　　因为从每个人身上量出的肘尺长度各不一样，所以在使用时引起了诸多不便。法老为了解决这一问题，制定了肘尺的基本单位——"皇家标准肘尺"（Royal Master Cubit）。皇家标准肘尺的长度约为 52 厘米，即 7 掌（*šsp*）或 28 指（*db*），在建造巨大的金字塔时，被用作基本单位。不过，其后随着王朝更替，这个标准肘尺的长度也随之改变。

在古埃及，由于尼罗河经常泛滥，所以古埃及人经常需要重新测量农田面积。只是，用"肘尺"这个单位来测量土地面积，显然太小了。因而，为了测量远的距离，古埃及人使用"伊特鲁"（*itrw*）这样的大单位，并将它作为测量两个城市间距的标准。1 伊特鲁相当于 2 万肘尺（约为 10.4 千米）。

6. 英国的英制单位

古希腊人和古罗马人也曾用身体部位的长度及身体部位移动间距作为长度单位。他们将成年男子走路时前后脚之间的距离定义为1 步（pace），将 1 步的 1000 倍定义为 1 迈（mile）。可见，他们的基本计量单位还是以人的身体部位及其改变为基准的。

13 世纪，英国国王爱华德一世用近代的方法将这种计量方式进一步系统化。他系统性地整理了法律法规、整顿了审判所和议会等，堪称为近代化努力的先觉者。当时，英国各个地区的计量单位都不同，甚至在《大宪章》里都有要求修改针对谷物和酒的计量谬误的字句。爱德华一世为了纠正计量错误，颁布了"有关度量衡的内阁令"。该法令规定了长度（度）、体积（量）、重量（衡）的单位和标准。

其中，规定 1 英寸（inch）的标准为：从大麦穗的中间部分选取颗粒最饱满的 3 粒麦子，晒干后，将其首尾相连排成一行的长度。1英寸为 1 英尺的十二分之一，这一标准是从古罗马时代使用的罗尺和比罗尺大的罗步两者中折中得来的。平均算来，3 粒麦子排成行的长度比我们今天使用的"英寸"稍长一些。也就是说，3 粒麦子（barleycorn，旧式长度单位）为 1 英寸，12 英寸为 1 英尺，3 英尺为 1 码。其中码（yard）为长度单位，1 码为手臂向前伸直后从鼻尖到中指尖的长度，约为 91 厘米。

1 英寸（3 粒麦子）　　　1 英尺（12 英寸）　　　1 码（3 英尺）

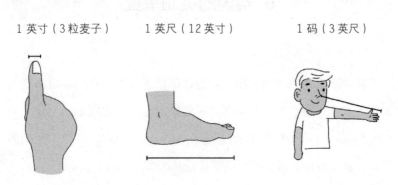

以英寸为基础的计量单位

　　在规定了度量衡的标准后，英国以此为基础采用青铜或黄铜做出表示标准长度的模型。但是在使用这些单位进行计算时发现了些许误差，为此，英国于 1496 年对该标准进行了第一次修订。伊丽莎白一世在位时期，英国于 1588 年对该标准又进行了一次修订，并由此确立了单位体系，即所谓的英制单位。

　　英制单位以巴比伦人使用的六十进制为基础，是从古代单位体系里发展而来的。其古代单位是以身体部位长度为基准，以 60 的约数来表示各单位之间的关系，使用时人们发现没有统一的标准。例如：1 英尺并不是 10 英寸，而是 12 英寸；1 码并不是 12 英尺，而是 3 英尺。

　　现在我们使用的国际单位制单位，是现时世界上最普遍采用的标准度量衡单位。但是，在实际生活中，英国和美国仍在使用英制单位。美国的科学家们也知道，英制单位与国际标准脱节，在使用时会带来许多问题。实际上的确如此。比如，1999 年 9 月，美国开发的火星气候轨道飞行器，原本预计发射升空后进入火星轨道着陆。但是由于使用国际单位制的研究员与使用英制的研究员的计算存在差异，最后导致飞行器进入轨道后坠毁。

因此，美国的科学家们想用国际单位制单位来代替英制单位，但是被国会否决了。其理由是，更换单位制不仅需要投入大量资金，而且国民也会不太适应更改后的单位，由此可能带来国家性的浪费。

7. 世界统一标准——"米"的诞生

现代社会，人人享有法律赋予的平等权。但是在民主社会之前，国王和贵族阶层享有特权，并集社会财富于一身，普通百姓根本享受不到平等待遇。比如，贵族们拥有大量的土地，他们将土地出租给农民，靠收取地租过着奢侈的生活，而农民们则要缴纳沉重的赋税，只能过着艰苦的生活。另外，当时像尺、升、秤这样的度量衡还没有统一的标准，普通百姓在纳税或者售卖货物时，要承受相当大的损失和不便。

终于，1789 年 7 月，法国大革命爆发。愤怒的市民为反对国王和贵族的特权纷纷揭竿而起，冲向巴士底狱，为建立自由平等的社会而前赴后继。

法国大革命推翻了君主专制，成立了革命政府，他们最先做的一件事情就是统一度量衡。革命政府要求法国科学院对长度单位的定量基准进行调查。当时的法律明确指出，制定统一的计量单位，是"为了所有人，为了所有时代"所做的努力。

当时的政治家塔列朗·佩里戈尔（1754—1838）主张，量度单位的标准应该做到"未来永久不变"，而不是像人的胳膊和腿那样因人而异。于是，法国科学院决定把从地球赤道到北极的子午线长度的千万分之一作为量度单位。1792 年，让·德朗布尔（Jean Delambre，1749—1822）和皮埃尔·梅尚（Pierre Méchain，1744—1804）为了测量子午线的长度，分别前往巴黎的北部和南部，开始了长达 7 年的行程。两人分别测量出巴黎到北极的距离、巴黎到赤道的距离后返回了巴黎，然后以此为基础，计算出北极到赤道的距离，再计算出其千万分之一。这样得出的数值就是最早的 1 米。

让·德朗布尔（左图）和皮埃尔·梅尚（右图）

德朗布尔与梅尚为了测量子午线的长度，于 1792 年 6 月分别经巴黎的北部和南部前往目的地。当时，德朗布尔的观测仪还被误认为是高性能武器，经历了一场差点被民兵没收的危机；梅尚在巴塞罗那短暂停留期间，肋骨骨折，受了重伤。经过很多的迂回和曲折，他们终于得出关于"1 米"的基准。

让－皮埃尔·乌埃尔的画作
《攻占巴士底狱》与度量衡的
基准物

市民们攻陷了象征旧体制的巴
士底狱后，大革命的火势蔓延
到了法国各地。目前，世界通
用的公制是在法国大革命后
不久制定的。右图是作为"1
米"和"1升"基准的尺子和
瓶子。

当时，不论是在日常生活中，还是在国际贸易上，均因长度标准不同而产生了诸多不便。因而，随着法国大革命的成功和拿破仑的胜利，公制迅速在欧洲传播开来。虽然更换掉之前长期使用的量度单位需要很长的时间，但是随着公制的优越性得到认可，使用它的国家逐渐增多。1889 年，各成员国的代表聚集一堂，召开了第一届国际计量大会。这次会议最终确立了用铂制成的长 1 米的"米原器"（meter）作为国际长度基准。

此后，科学家们对赤道与北极间的子午线长度重新进行了精密测量，这次的测量结果比之前的结果多出 1700 米。1983 年，在第十七届国际计量大会上，1 米的概念被重新修订为"光在真空中于 1/299,792,458 秒内行进的距离"。

8. 米和厘米

　　国际上都把"米"作为长度基准，那么，我们放在文具盒里的尺子上的"厘米"又是从哪里来的呢？事实上，厘米、千米这样的长度单位都是以米为基准而制定的。除了我们日常生活中经常使用的厘米、米和千米之外，还有许多由米推衍出来的单位，如下表所示。

阿米（am）	千分之一飞米	1 m ÷ 1,000,000,000,000,000,000
飞米（fm）	千分之一皮米	1 m ÷ 1,000,000,000,000,000
皮米（pm）	千分之一纳米	1 m ÷ 1,000,000,000,000
纳米（nm）	千分之一微米	1 m ÷ 1,000,000,000
微米（μm）	千分之一毫米	1 m ÷ 1,000,000
毫米（mm）	千分之一米	1 m ÷ 1,000
厘米（cm）		1 m ÷ 100
分米（dm）		1 m ÷ 10
米（m）		1 m
10 米（dam）		10 × 1 m
100 米（hm）		100 × 1 m
千米（km）	1000 米	1,000 × 1 m

兆米（Mm）	1000 千米	1,000,000 × 1 m
吉米（Gm）	1000 兆米	1,000,000,000 × 1 m
太米（Tm）	1000 吉米	1,000,000,000,000 × 1 m
拍米（Pm）	1000 太米	1,000,000,000,000,000 × 1 m
艾米（Em）	1000 拍米	1,000,000,000,000,000,000 × 1 m

米及从米推衍出来的单位

千米的符号"km"中的字母"k"是表示 1000 倍的意思。除了千米外，还有 kg（千克）、kL（千升）等单位符号中的字母"k"，也是遵循"1000 倍"的用法。

随着测量技术的发展，计量单位分得更细了。从制造半导体时用到的"纳米"到表示行星与地球间距离的"光年"，因应科学技术的需求，计量单位也在不断地增加。尽管像英制单位那样已成使用习惯的长度单位仍在一些国家保留着，但如今无论你走到世界的哪里都会发现，绝大多数国家的人统一使用"米"来表示长度。

9. 国际千克原器

质量单位在各个国家之间也曾存在差异。1889 年第一届国际计量大会之后，各成员国达成协议，用 1 千克（kg）来作为质量的标准。

1791 年规定：1 千克指在 3.98 摄氏度时，将一个长、宽和高分别为 10 厘米的立方体灌满纯水的质量，也就是 1 升纯水的质量。但是 1 升纯水很难被精确提取进行称量，所以在 1799 年制造了与其质量相等的砝码，此砝码被称为国际千克原器。此后，该原器一直被指出存在不够坚硬的问题，因此科学家们开始进行新材料研究，最终在 1875 年制造出一个新的原器，并成为新的国际千克原器。新原器的质量就是 1 千克的国际标准，其他所有物质的质量计量都以其为标准。该标准一直使用到 2018 年，之后被以普朗克常数作为新国际标准定义的"千克"所取代。

国际千克原器（电脑复原图）

第 **6** 章

三角函数和数论

需要三角函数的
理由是什么?

　　"在我的字典里，没有不可能。"这是法国皇帝拿破仑（Napoléon Bonaparte，1769—1821）所说的话。拿破仑于 1769 年出生于科西嘉岛，在 30 岁出头时就率军称霸大半个欧洲，为法国的教育、宗教、文化、法律等多个领域的发展奠定了基础。

　　拿破仑从小在数学上就很有天赋，16 岁时就成为炮兵少尉。他热爱数学，并坚信只要数学好就能在战争中获胜。在他创办的军事学校——巴黎综合理工学院（当时校名为"中央公共工程学院"）里，数学是必修课。

　　接下来，我们一起看看拿破仑为了取得战争胜利，都使用了什么样的数学知识吧。

1. 法国大革命和拿破仑登场

　　法国大革命爆发后，当时的皇帝路易十六被处决，法国人民结束了君主专制，建立了全新的共和国。此后，因担心法国大革命会向四周蔓延，英国、奥地利等国结成反法同盟对法国发动战争。此时法国国内也不断发生反对革命的示威活动，社会变得动荡不安。

雅克－路易·大卫的画作
《拿破仑越过阿尔卑斯山》

　　拿破仑重建了大革命之后陷入混乱的法国。他在诸多战争中取得大胜，于 1799 年通过政变掌握了政权，又于 1804 年经过国民投票当上了皇帝。

拿破仑远征欧洲与法国的领土扩张示意图

　　拿破仑成为皇帝之后，法国征服了欧洲大陆的大部分地区。此后，欧洲国家结成同盟，开始抵抗法国，最终致使拿破仑治理下的法国走向衰败。

　　虽然拿破仑使整个欧洲陷入战争的旋涡，但他颁布了反映法国大革命精神的《拿破仑法典》等，为法国发展成为近代民主国家做出了很大的贡献。

拿破仑极力推崇数学，甚至说过"数学的发展与国家的繁荣昌盛密切相关"。据悉，拿破仑曾利用三角形的特点，取得战争的胜利。

2. 利用三角函数来发射炮弹

虽然笛卡尔发明了平面坐标系，但是在战斗中利用它仍然很难准确地击中目标。原因是炮兵很难判断敌我双方之间的距离。在战斗中持续使用大炮进行炮击之初，需要通过多次发射炮弹来调整大炮的发射角度。但是这样的调试不仅效率低下，还存在将自己的位置暴露给敌方的危险。因此，想让大炮一击即中，就必须计算出敌我双方间的准确距离。要做到这一点，就要用到三角函数。拿破仑就是利用三角函数很好地驾驭了大炮，从而在众多战争中获胜，他本人也因此而闻名。

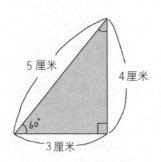

　　三角函数起源于古希腊，传播到古印度、阿拉伯地区后，得到很大发展。三角函数指的是直角三角形两边长的比值。我们以上页图中的直角三角形为例来说明。

　　图中，最长的边与最短的边的比是 $5:3$，也可以用 $\frac{5}{3}$ 来表示。古希腊人发现，由于三角形内角之和恒定为 180 度，因此当不同的直角三角形中除直角外有一个角相同时，它们一定是相似直角三角形，且它们的边长间的比例也是恒定的，如下图所示。

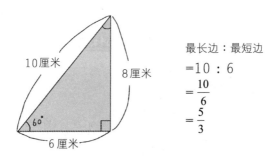

3. 三角函数对照表的运用

在三角函数中最重要的一点是，知道直角三角形中除去直角外的其中一个角的大小。因为三角形内角和是 180 度，所以只要知道除直角外的两个角中一个角的大小，就能知道另一个角的大小。因此，对三角函数的值就有了以下规定：取直角外的一个角 θ（Theta），围绕着 $\angle\theta$，将其 $\dfrac{对边}{斜边}$、$\dfrac{邻边}{斜边}$、$\dfrac{对边}{邻边}$ 分别称为 $\sin\theta$（正弦）、$\cos\theta$（余弦）、$\tan\theta$（正切），如下图所示。

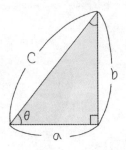

$$b : c = \frac{b}{c} = \sin\theta$$

$$a : c = \frac{a}{c} = \cos\theta$$

$$b : a = \frac{b}{a} = \tan\theta$$

以这些为基础，当时的人们制作了三角函数对照表，用于观测星象或测量土地。

θ	$\sin\theta$	$\cos\theta$	$\tan\theta$	θ	$\sin\theta$	$\cos\theta$	$\tan\theta$
0°	0.0000	1.0000	0.0000	45°	0.7071	0.7071	1.0000
1°	0.0175	0.9998	0.0175	46°	0.7193	0.6947	1.0355
2°	0.0349	0.9994	0.0349	47°	0.7314	0.6820	1.0724
3°	0.0523	0.9986	0.0524	48°	0.7431	0.6691	1.1106
4°	0.0698	0.9976	0.0699	49°	0.7547	0.6561	1.1504
5°	0.0872	0.9962	0.0875	50°	0.7660	0.6428	1.1918
6°	0.1045	0.9945	0.1051	51°	0.7771	0.6293	1.2349
7°	0.1219	0.9925	0.1228	52°	0.7880	0.6157	1.2799
8°	0.1392	0.9903	0.1405	53°	0.7986	0.6018	1.3270
9°	0.1564	0.9877	0.1584	54°	0.8090	0.5878	1.3764
10°	0.1736	0.9848	0.1763	55°	0.8192	0.5736	1.4281
11°	0.1908	0.9816	0.1944	56°	0.8290	0.5592	1.4826
12°	0.2079	0.9781	0.2126	57°	0.8387	0.5446	1.5399
……………				……………			

三角函数对照表

在战场上发射炮弹时，利用三角函数可准确地计算出打击距离。我们来了解其运用方法。

如下图所示，将敌军与我军炮兵位置放在同一直线上，然后利用侦察兵位置形成一个直角三角形。这时，将从侦察兵位置分别观察我军炮兵与敌军所形成的夹角测量出来，就可以得出敌军与我军炮兵的位置。

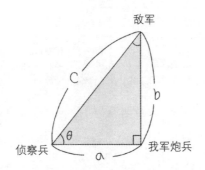

若从侦察兵位置分别观察我军炮兵与敌军所形成的夹角为 45 度，且侦察兵与我军炮兵相距 1 千米，则 $b : a = \tan 45° = 1$，得出 $b=1$，即我军炮兵距敌军的距离为 1 千米。

4. 利用相似三角形的拿破仑

据说，拿破仑在战场上不仅使用三角函数，而且还利用全等三角形，在没有借助任何工具进行测量的情况下得出河流宽度。这充分体现了他不凡的数学实力。

当时，拿破仑率军准备攻打河对岸的普鲁士军队，需要知道河的宽度。但是，在战争中实际测量河流宽度是很难做到的。这时，拿破仑将头上戴着的帽子倾斜到正好与河对岸某一点呈一条直线的位置。

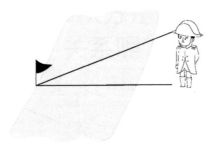

然后，拿破仑维持着帽子的倾斜角度一步一步后退，直到看到自己这边的河岸为止。这时，测量出他原本站立的位置与后退到达的位置之间的距离，这个距离就是河流的宽度。

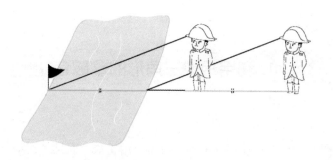

　　拿破仑到底利用什么原理得出了河流的宽度呢？实际上，他利用的是三角形全等的性质。拿破仑垂直地站立，帽檐、身高与对岸交点形成直角三角形，因帽檐的倾角不变，则该三角形的另一个角也不变。如果两个三角形的三个角分别对应相等，且有任意一条边对应相等，则这两个三角形全等。全等三角形的各对应边相等。所以，拿破仑利用自己的身高不变，通过移动身体形成全等三角形，根据对应边相等的特性，知道自己后退的距离就是河流的宽度。见下图所示。

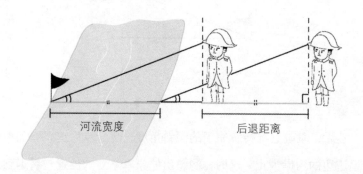

河流宽度　　　　　　　　　　后退距离

5. 受拿破仑尊敬的数学家——高斯

　　据说，拿破仑在攻打德意志地区时，并没有攻击数学家卡尔·弗里德里希·高斯所在的村庄。

　　高斯出身于一个从事烧砖工作的贫困家庭。他的父亲希望儿子能像自己一样成为一名石匠，但是高斯喜欢学习，最终在母亲

卡尔·弗里德里希·高斯

他被称为天才，是"世界三大数学家"之一，受到世人称颂。

和叔叔的支持下成为伟大的数学家。高斯以 77 岁高龄谢世时，除了在数学领域，他还在物理学、天文学等多个领域做出了重要贡献。

高斯与阿基米德、牛顿一起，并称为"世界三大数学家"，为世人称颂。他去世后，人们为了研究他的天才特性，还将他的大脑保存了起来。

6. 我在会讲话之前就会计算了

据说，高斯一直将"我在会讲话之前就会计算了"这句话挂在嘴边。有一个故事就展现了高斯的数学天分。

高斯 10 岁那年，在数学课上，他的数学老师吕特纳让学生们求出从 1 加到 100 的和。通常遇到这样的问题，从最快答出题目的学生开始，学生们会依次走到老师的讲台边提交解题本。

吕特纳老师原本以为，在学生们解题期间自己能好好休息一会儿了。但是，当问题刚给出、学生们刚开始计算时，高斯就站起身并走到讲台边提交了自己的解题本，打乱了老师想好好休息一会儿的意图。高斯在解题本上没有留下计算过程，只写了"5050"这个数字。他向老师做了以下说明：

$1+100=101$，$2+99=101$，$3+98=101$……$49+52=101$，$50+51=101$，像这样彼此相加和为 101 的两个数一共有 50 对，因此答案是：$101×50=5050$。

据说，因为这件事，吕特纳老师觉得自己已经没有什么可以教给高斯的了，所以给了他一本从汉堡订购的更高年级的数学书。

7. 高斯和数论

高斯被称为"数论之父"。数论是基础数学的分支之一，主要研究整数的性质，像找出数字的约数和倍数，如 5 的倍数 、30 的约数，也是数论的研究内容。高斯曾说过："数学是科学中的女王，而数论是数学中的女王。"

在高斯的数论研究中，大部分内容都很难理解，要到大学才能学到。我们来看一下其中容易理解的有关质数的研究。质数指的是，在自然数中，只有两个正因数（1 和它本身）的数。举个例子，我们看下从 1 到 9 中每个数字的因数，在 2 到 9 中，有两个因数的质数是 2、3、5、7。因为 1 的因数只有 1，所以不能被称为质数。由于对质数的研究也是分析数的性质，因此它也是数论的一个重要领域。

自然数	因数	
1	1	
2	1, 2	质数
3	1, 3	质数
4	1, 2, 4	
5	1, 5	质数
6	1, 2, 3, 6	
7	1, 7	质数
8	1, 2, 4, 8	
9	1, 3, 9	

　　与质数不同的是，有 3 个及 3 个以上因数的数称为合数。因此，自然数以因数的多少为基准可以分为：既不是质数也不是合数的 1，有两个因数的质数，有 3 个及 3 个以上因数的合数。

8. 对质数的研究

在很早以前，数学家们就开始为了理解和寻找质数而努力。有关质数的最早记录，据推测，在公元前 1650 年左右的古埃及数学著作《莱茵德纸草书》中可以找到。虽然该书没有提及质数的概念，但是可以从中看到 $\frac{1}{3}$、$\frac{1}{5}$ 这样分母是质数的分数被单独分为了一类。

有关质数研究的最早记录，是在公元前 300 年左右古希腊出版的欧几里得的著作《几何原本》中。在《几何原本》中，记录了质数的定义、对质数是无限多的数学证明。之后，古希腊数学家埃拉托色尼还研究出了寻找质数的"埃拉托色尼筛选法"。

埃拉托色尼筛选法的使用方法是：先将不是质数的 1 去掉，将从 2 开始的自然数按顺序写出来；然后找出除 2 以外的、2 的倍数的数字并去除，再以同样的方法找出除 3 以外的、3 的倍数的数字并去掉；继续采用这样的方法，直到要找的数字出现；其中没有去除的数字就是质数。

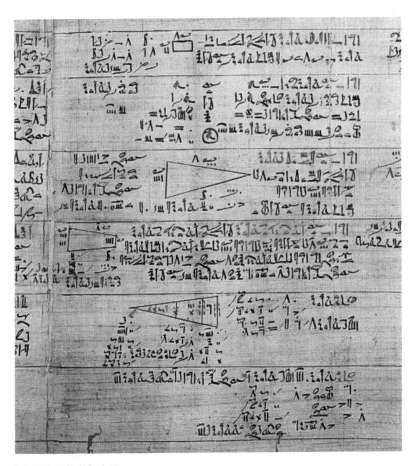

《莱茵德纸草书》内页

高斯看到用埃拉托色尼筛选法找出的质数后，发现了一个规律：随着自然数范围的增大，出现的质数越来越少。高斯十几岁时就发现了这一事实，并将这种情况用下面的图来表示。该图 x 轴上的数字表示从 1 到任意自然数 n，y 轴上的数字表示质数所占比率。

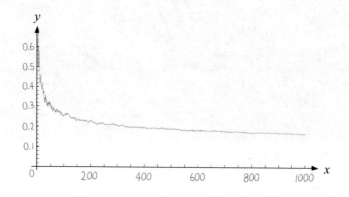

　　1859 年，高斯的学生黎曼在论文《论小于某个给定值的质数的个数》中，将高斯的质数图用下面的公式来表示：

$$Li\,(N) = \int_0^N \frac{1}{\log x}\,dx$$

9. 复数平面

　　一个数的平方是负数，则称这个数为虚数，用 i 表示。其中，形如 3+2i 这样实数与虚数相加的数称为复数。复数一般都以 $a+bi$ 这样的形式来表示，其中 a 为实数，bi 为虚数。复数可以用来表示世界上所有的数。高斯想到了让眼睛能看到复数位置的方法，发明了"高斯平面坐标系"（又叫复数平面，简称复平面）。

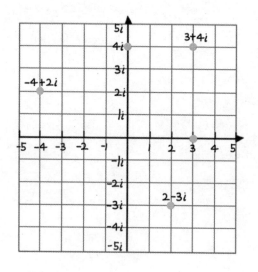

复数平面

　　事实上，第一个提出有关复数平面想法的数学家是卡斯帕尔·韦塞尔（Caspar Wessel，1745—1818）。韦塞尔在 1799 年发表了含有这一想法的论文《论方向的解析表示》。这一论文发表时用的是丹麦语，其他国家的人完全读不懂。到了 100 年后的 1899 年，韦塞尔的论文才被译成法语，但这已经是在使用"高斯平面坐标系"这一术语之后了，这也是复数平面被称为"高斯平面坐标系"的原因。

包括高斯的数论、纳皮尔的对数计算法、笛卡尔的解析几何等在内，数学已从以实际生活需要为中心向更加抽象化发展。以这样的发展成果为基础，近代数学开始迈向现代数学。